그렇게
죽는 건
아니잖아요

희복

그렇게
죽는 건
아니잖아요

가지
KINDS BOOK

죽은
새를
줍습니다

시끄럽게 울리는 알람을 끄고 억지로 몸을 일으킨다. 다시 잠들고 싶은 마음을 애써 모르는 척하며 욕실로 들어간다. 이불 속에서 따끈따끈해진 피부에 차가운 물이 닿는 순간 둔해진 감각이 서서히 깨어난다. 하지만 잠기운이 완전히 물러간 건 아니어서 여전히 비몽사몽이다.

조사복으로 갈아입는 도중 30분 간격으로 맞춰 놓은 두 번째 알람이 울린다. 재촉하듯 울려대는 알람을 조용히 만들고 가방과 모자, 쌍안경을 챙긴다. 방을 나서기 전 빠트린 물건은 없는지 곰곰이 생각해 본다. 아! 맞아, 조끼. 그리고 텀블러도.

부산스럽게 움직이며 나갈 준비를 마치고 운동화를 신고 있는데 나보다 일찍 잠에서 깬 엄마가 현관에 선 나를 보며 묻는다.

“새 주우러 가니?”

“응. 다녀올게.”

대충 손을 휘젓고 집을 나선다. 동이 트지 않은 새벽, 고요한 거리를 걸으며 오늘 조사가 얼마나 험난할지 혹은 지루할지 가늠해 본다. 하지만 그건 현장에 도착하기 전에는 알 수 없다.

새벽에만 느낄 수 있는 차갑고 깨끗한 공기를 깊이 들이마시고 내쉬며 부지런히 걸음을 옮긴다. 조사를 위해 빌려 둔 차에 타고 나서야 비로소 마음이 고요해진다. 머릿속을 깨끗하게 비워 낸 뒤 오늘 돌아볼 현장을 복기한다. 시간이 남으면 어딜 더 돌아볼지도 생각해 본다. 되면 가는 거고 아니면 마는 거지, 하는 마음으로 후보지 몇 곳을 정해 둔다. 머릿속에서 조사 동선이 정리되면 자주 이용해 내 차처럼 느껴지지만 절대 내 차는 아닌 공유 자동차를 몰고 현장으로 출발한다. 새를 주우러.

그렇다. 새. 하늘을 훨훨 날아다니는 새. 나무에 앉아

지지배배 우는 새. 사람에게 길들어 집 안에서 사람과 함께 살아가는 새가 아니라 자연에서 자유롭고 건강하게 살아가는 바로 그 새를 줍는다. 모든 새를 줍는 것은 아니다. 내가 줍는 건 건물 유리창, 투명 방음벽, 유리 난간 등 인공구조물에 부딪혀 죽은 새이다. 종종 운 좋게 살아남았으나 부딪힐 때 충격으로 크고 작은 부상을 입은 새를 만날 때도 있지만, 살아남은 새를 주울 확률보다는 죽은 새를 주울 확률이 훨씬 높다.

새는 날아서 이동할 수 있다. 그래서 유리를 사용한 인공구조물이 있는 곳이라면 어디든 부딪혀 죽는다. 도로, 아파트, 공원, 산, 바닷가, 지하철역, 버스 승강장, 전시장 등 장소를 가리지 않는다. 도시에서도, 우리가 자연이라 부르는 도시 밖에서도 새는 죽는다.

인간이 설치한 유리 때문이다. 새는 유리를 장애물로 인식하지 못한다. 유리 너머를 보여 주는 투명성과 유리 주변에 있는 나무와 하늘 등을 거울처럼 비추는 반사성에 속아 지나갈 수 있는 공간이라고 여기기 때문이다. 유리를 장애물로 인식하지 못하니 피해야 한다고 생각할 수 없고, 피해 갈 필요성을 느끼지 못하니 새는 유리에 비치거나 유리가 비추는 장소로 가기 위해 날아가다가 부딪혀 죽고 만다. 흥미로운 건 새만 유리에 속는 게 아니라는 점이다. 사람도 종종 유리에 속아 부딪힌다. 하지만 새와 달리 사람은 유리에 부딪혀도 죽지 않는다. 유리에 부딪힌 사람이 유리 파편에 찔려 과다출혈로 사망한 사례는 있어도 유리에 부딪혀 뇌진탕 등으로 사망한 사례는 보도된 적이 없다.

그렇다면 얼마나 많은 새가 유리에 부딪혀 죽을까? 미국에서는 연간 2억 5천만 명*에서 10억 명이, 캐나다에서는 2500만 명이 유리에 충돌한다고 보고했다. 2018년 환경부와 국립생태원이 발표한 <인공구조물에 의한 야생조류 폐사 방지 대책 수립 연구보고서>에 따르면 우리나라에서는 연간 약 800만 명(건물 유리창 약 765만 명, 투명 방음벽 약 23만 명), 하루 약 2만 명의 새가 유리에 충돌해 죽는 것으로 추정된다. 사람이 눈을 깜박이는 횟수가 하루 평균 최소 1만 5000번에서 최대 2만 번 정도라고 하니, 우리가 눈을 깜박일 때마다 새 한 명이

* 국립국어원 표준국어대사전에 비인간(동물)의 수를 셈하는 단어는 '마리', 인간의 수를 셈하는 단어는 '명(名)'으로 등록되어 있지만 인간과 마찬가지로 비인간의 생명이 존귀함을 드러내기 위해 목숨 명(命) 자를 사용했다.

인공구조물에 부딪히는 셈이다. 실로 어마어마한 숫자다. 새가 죽는 곳. 아니, 새를 죽이는 유리가 있는 곳. 그곳이 내 현장이다.

현장에 도착하면 갓길에 차를 세워 두고 비상등을 켠 뒤 조사 장비를 챙긴다. 안전 조끼를 입고, 쌍안경과 조사 가방을 매고, 챙이 넓은 모자를 쓴다. 그리고 사체를 담을 커다란 지퍼백을 들면 조사 준비가 끝난다.

현장에서 하는 일은 간단하다. 현장을 살펴보고, 새를 발견하면 사진을 찍고, 줍는다. 한 곳을 다 둘러보면 다음 현장으로 이동해 살피고, 찍고, 줍는다. 그리고 또 다음 현장으로 이동해 같은 과정을 반복한다. 하루 종일 다른 일정이 없는 날에는 해 질 무렵까지, 일정이 있는 날에는 시간이 허락할 때까지 이동하고, 살피고, 찍고, 줍기를 반복한다.

내가 주로 살피는 곳은 투명 방음벽 주변이다. 건물 주변과 달리 아파트 방음벽과 국도나 지방도에 설치된 도로 방음벽 주변에 새 사체가 남아 있을 확률이 높기 때문이다. 건물 유리창이나 유리 난간, 버스 정류장이나 지하철역 유리창 등 사람이 많이 통행하는 곳에서는 새가 충돌하더라도 사체를 발견하기 어렵다. 건물 관리인과 환경미화원이 사체가 발견되는 족족 치우는 탓이다. 하지만 방음벽은 다르다. 화단이나 도로 정비 기간이 아닌 이상 사람이 접근할 일이 없어서 새 사체를 비교적 쉽게 발견할 수 있다. 간혹 고양이, 너구리, 까치, 큰부리까마귀 등 포식 동물이 사체를 먹거나 빗물에 사체가 떠내려가는 등 다른 이유로 흔적이 사라지기도 하지만 대부분은 죽은 자리에 그대로 남아 있다. 누군가 자신을 발견해 줄 때까지.

“내가 너무 늦었지?”

광주에서 1시간 30분가량을 달려 도착한 강진군 칠량면 송로리. 옹벽 위에 누워 있는 흰배지빠귀에게 미안한 마음을 담아 말을 건넨다. 마지막 조사가 3개월 전이었으니 늦어도 너무 늦은 방문이다. 그 3개월 중 어느 날에 부딪혀 죽은 건지 알 수 없으나 옹벽 위에서 햇볕을 쬐고, 비를 맞고, 바람을 쐬며 천천히 자연으로 돌아가고 있던 흰배지빠귀의 모습을 사진으로 찍고 지퍼백에 담는다. 더 늦었으면 뼈만 남아 여기서 죽은 새가 누구인지도 알 수 없었을 것이다. 같은 날 가우도 휴게소 인근 방음벽 앞에는 물까치 두 명이, 영복리에 있는 방음벽 앞에는 참새, 박새, 딱새, 물까치, 직박구리 등 다양한 종류의 텃새가 죽어 있었다. 하저마을 방음벽 앞에는 조롱이와 굴뚝새가, 상저마을 방음벽 앞에는 멧비둘기와 청딱다구리가 죽어 있었다.

한 명 한 명 사진을 찍고, 사체를 주워 지퍼백에 담는다. 죽은 새를 줍는 이유는 중복 기록을 막기 위해서다. 이전 조사 때 발견한 새를 줍지 않았다면 이미 기록했던 새를 새롭게 죽었다고 착각해 중복으로 기록할 수 있다. 중복 기록은 지역별 충돌 피해 자료의 신뢰도를 떨어뜨린다. 같은 장소에서 어떤 새가 얼마나 죽었는지 정확히 파악하기 위해서는 충돌 사례를 발견해 기록으로 남기는 일만큼이나 죽은 새를 줍는 일도 중요하다.

강진에 있는 22개 방음벽을 차례로 살피는 동안 가벼웠던 지퍼백이 점점 무거워진다. 죽음의 무게다.

1 강진군 도로 방음벽 앞에서 발견한 참새.

2 부상을 입은 힝둥새. 구조 직후 병원으로 이송했으나 치료 과정 중 사망했다.

1 2

돌이킬 수 없는
강을
건너다

나는 죽음을 발견하기 위해 현장을 찾는다. 목적지로 향하는 수많은 사람과 차가 스쳐 지나가는 길 위에 덩그러니 놓여 있는 죽음을 발견하기 위해서. 관심을 기울이지 않으면 눈치채기 어려운 조용한 죽음을 찾기 위해서. 살피지 않으면 알 수 없는 새들의 죽음을 기록하기 위해서. 2021년 10월부터 새를 줍기 시작했으니 햇수로 5년 차, 만으로 4년 차에 접어들었다.

처음 유리창 충돌 문제를 접한 건 2021년 3월, KBS에서 방영한 <환경스페셜> '조류충돌, 유리창 살해 사건' 편에서였다. 하릴없이 TV 채널을 돌리다가 힘차게 날아가던 멧비둘기 한 명이 투명 방음벽에 부딪히는 장면에 놀라 계속 시청하게 되었다. 수풀 위에 떨어진 멧비둘기는 곧장 다른 곳으로 날아갔지만, 뒤이어 나온 시민 제보 영상 속에서 다른 멧비둘기는 몸을 제대로 가누지 못하고 버둥거리기만 했다. 방송 내용은 충격적이지만 현실감이 들지 않았다. 철새 도래지나 시골처럼 새가 많이 사는 지역에서만 간간이 일어나는 문제 같기도 했다. 하지만 얼마 지나지 않아 나는 이 문제가 내 지역에서도 일어났었고 여전히, 그것도 흔하게 일어나는 문제라는 걸 알게 되었다.

방송을 시청하고 두 달이 흐른 어느 날이었다. 친구와 여수 금오도에서 트래킹을 하고 오는 길에 돌산읍 서기마을 앞에 있는 방음벽이 눈에 들어왔다. 이전까지만 해도 풍경의 일부에 지나지 않았던 방음벽이 유독 도드라져 보인 건 그날이 처음이었다.

무심코 방음벽 아래를 바라보니 크고 작은 새들이 떨어져 있는 게 보였다. 운전하고 있던 친구에게 잠깐 차를 세워 달라고 부탁했다. 가까이 다가가 살펴보니 죽은 지 오래되어 보이는 새 한 명과 비교적 최근에 죽은 것처럼 보이는 새 두 명이 몇 걸음 차이로 죽어 있었다. 그중 한 명은 눈도 제대로 감지 못한 채였다. 바람이 불 때 가슴깃이 바르르 떨리는 걸 보고 혹시나 하는 마음에 손가락으로 조심스럽게 건드려 보았지만 새는 꿈쩍도 하지 않았다.

죽은 새들 앞에 쪼그리고 앉아 내가 무엇을 할 수 있을지 생각해 보았다. 불현듯 몇 달 전에 시청한 방송이 떠올랐다. 사진을 찍어서 어디에 올려 달라고 했었는데 어디였더라? 사진을 찍고 차에 타서 '새 충돌'을 검색했다. 누군가 방송을 보고 유리창 충돌로 죽은 새를 발견하면 어떻게 해야 하는지 정리해 둔 글이 있었다. 네이처링NATURING(자연 관찰 내용을 기록하는 공유 플랫폼) 앱을 다운받아 '야생조류 유리창 충돌 조사' 미션에 가입한 뒤 글을 올렸다. 내가 처음으로 기록한 야생조류 유리창 충돌 사례였다.

광주로 돌아오는 내내 풍경이 아닌 방음벽에 시선이 머물렀다. 혹여나 너무 빨리 지나가서 방음벽 아래에 새가 죽어 있는 걸 못 보고 지나친 건 아닐지 마음이 쓰였다. 얼마 후 알람이 떠서 앱에 들어가 보니 누군가 새 이름을 제안해 주었다. 되지빠귀와 호랑지빠귀. 서기마을 앞 방음벽에 부딪혀 죽은 새들의 이름이었다.

문득 광주에서는 얼마나 많은 새가 유리창 충돌로 죽는지 알고 싶어졌다. 하지만 어디를 어떻게 살펴야 할지 감이 잡히지 않았다. 검색만 하면 무엇이든 필요한 정보를 얻을 수 있는 시대에 살고 있지만, 어느 동에 있는 어떤 아파트에 방음벽이 설치되어 있는지, 그 방음벽에 맹금류 스티커가 붙어 있는지 아닌지는 알 수 없었다. 어디를 어떻게 살펴야 하나 고민하는 동안에도 유리창 충돌 사례는 심심찮게 눈에 띄었다. 지인들과 플로깅을 하던 중에도, 도서관에서 수업을 마치고 나오는 길에도 건물 유리창 아래에 한두 명씩 새가 죽어 있었다.

숨은 거두었지만 온기가 미약하게 남아 있던 큰유리새와 화단을 둘러싼 벽돌 위에 배를 보이고 누워 있던 멧비둘기, 금방이라도 날아갈 것처럼 엎드린 자세로 죽어 있던 흰배지빠귀를 차례로 발견한 어느 날엔 문득 그런 생각이 들었다. 이제 유리창 충돌 문제를 알기 전으로 돌아갈 수 없겠다고. 더 이상 이 문제를 외면할 수 없을 것 같다고. 그때부터였다. 조사한다는 자각도 없이 조사를 시작한 게.

그해 겨울, 남광주역 1번 출구와 2번 출구 사이에서 대여섯 명의 사람을 만났다. 야생조류 유리창 충돌 문제에 관심을 보이는 사람들과 함께 동구 학동 무등산아이파크와 남구 방림동 명지로드힐아파트 방음벽을 살펴보기로 한 날이었다. 무등산아이파크는 당시 내가 알고 있는 방음벽 중 가장 규모가 크고 접근하기 좋은 곳이었다. 게다가 맹금류 스티커가 부착되어 있어 그 효과를 확인해 볼 수도 있었다.

사람들과 디근 자 모양으로 세워진 방음벽을 따라 걸으며 조사를 진행했다. 방음벽 주변에는 온전한 모습의 새도 있었지만 오랜 기간 방치된 탓에 뼈만 남아 있는 새도 많았다. 고양이에게 먹혔는지 머리만 남아 있거나 깃털만 남아 있는 경우도 제법 많았다. 방음벽 안팎을 다 살펴보고 나니 검정 비닐봉지 두 장이 꽉 찼다. 조사를 마친 뒤에는 길가에 모여 서서 네이처링에 기록을 올렸다. 이날 기록한 학동 무등산아이파크아파트 방음벽 충돌 피해만 41건이었다. “와” 소리가 절로 나왔다.

“맹금류 스티커가 붙어 있는데도 새가 죽네요.”

헤어지기 전, 소감을 나누는 시간에 누군가 방음벽을

쳐다보며 말했다. 그 말이 맞았다. 맹금류 스티커가 붙어 있는데도 새는 투명한 방음벽에 부딪혀 죽었다. 맹금류 스티커를 붙이면 새들이 무서워서 피해 간다는 말이 얼마나 허무맹랑한지를 알 수 있다. 인간 중심적인 사고의 폐해였다.

'버드세이버'라는 이름으로 판매되는 맹금류 스티커를 띄엄띄엄 붙이는 것만으로는 야생조류 유리창 충돌 피해를 막을 수 없다. 새는 맹금류 스티커를 천적이 아닌 일종의 장애물로 보고 스티커만 피해 옆으로 날아간다. 맹금류 스티커가 붙은 면적보다 아무것도 붙지 않은 유리의 면적이 훨씬 넓으니 여전히 새들에게 위협이 된다. 실사 사진을 붙이든, 그림자 형태를 붙이든, 홀로그램을 붙이든 결과는 똑같다.

중요한 건 간격이다. 새는 일정 간격 이하의 좁은 공간으로는 통과하지 않으려는 특성이 있는데 이 특성을 이용한 게 5×10 규칙이다. 환경부는 2019년에 제정한 '야생조류 투명창 충돌 저감 가이드라인'에서 새가 유리를 장애물로 인식할 수 있도록 상하 간격 5센티미터 이하, 좌우 간격 10센티미터 이하로 유리에 점무늬를 새기거나 조류충돌 방지 기능이 있는 패턴 스티커를 부착하라는 저감조치를 안내하고 있다. 이외에도 5×10 간격에 맞게 선을 긋거나, 로고를 새기거나, 디자인 요소가 가미된 그림을 시트지에 출력해 붙이거나, 다양한 문양이 들어간 유리를 사용하는 등의 방법을 시도할 수 있다. 이때 주의할 점은 반사를 일으키는 유리창에는 바깥면에 저감조치를 해야 한다는 것이다.

하지만 사람들은 아직도 맹금류 스티커를 맹신한다. 아무런 효과가 없는데도 여기저기 맹금류 스티커를 붙이고는 새가 부딪히지 않는다고 확신한다. 최근에는 서울교통공사 관계자가 지하철 역사로 들어오는 집비둘기를 막겠다며 합정역에 흰머리수리 사진을 출력해 붙이는 일도 있었다. 스티커뿐만이 아니다. 맹금류 조형물을 설치하는 사례도 있다. 한국도로공사 양양지사는 동해고속도로 속초-북양양 IC 구간 도로 방음벽 위에 맹금류 모형을 설치했고, 광주교통공사는 평동역 건물 꼭대기에 풍차형 맹금류 조형물을 설치했다.* 조류 충돌을 저감하기 위해 설치한 걸 테지만 쓸모없는 곳에 예산을 낭비한 셈이다.

* 2024년 11월, 광주교통공사는 광주광역시 '조류충돌 저감사업'에 참여해 평동역 외벽 상단 유리창 700m^2 면적에 충돌 방지 테이프를 부착했다.

사람들과 헤어지고 광주천을 따라 천천히 걸었다. 그곳엔 살아 있는 새가 있었다. 새들은 인기척에 놀라 푸드덕 날아가기도 하고, 물가에서 목을 축이기도 하고, 수풀 사이에 숨어 자기들끼리 재잘재잘 대화를 나누기도 했다. 유일하게 이름을 알고 있는 까치, 참새, 집비둘기, 왜가리 외에도 많은 새가 물가와 덤불, 다리 밑에서 존재감을 드러냈다. 한 곳에 서서 새들을 물끄러미 바라보았다. '저들 중 오늘 방음벽 아래에서 주운 새와 같은 종도 있을까?' 알 수 없었다. 있었다 한들 알아볼 재주가 당시의 나에겐 없었다.

그때까지만 해도 내게 저들은 그저 '새'에 불과했다. 생김새도, 나는 모습도, 내는 소리도 달랐지만 이름을 모르니 그저 새라고 부를 수밖에 없었다. 그런데 이제 아니다. 주운 새들의 이름을 알고 싶어졌다. 이름을 알면 더 오래 기억할 수 있을 테니까. 그날부터 인스타그램에 조사 일기를 적기 시작했다. 네이처링에 올라온 이름 제안을 하나하나 확인하며 내가 주운 날개가 어떤 새의 것인지, 바닥에 엎드린 채 죽어 있던 새가 누구였는지를 옮겨 적었다. 내가 찾아간 현장에 얼마나 크고 투명한 방음벽이 있었는지, 그곳에서 총 몇 명이 죽어 있었는지도.

1 2

1 상가 유리창에 부딪힌 검은이마직박구리. 민간 건축물에서 발생하는 충돌 피해를 줄이기 위해서는 건물주의 적극적인 참여가 필요하다.

2, 3 까치와 되지빠귀 어린 새. 이소 시기가 되면 어린 새들이 유리에 부딪혀 죽는다.

3 4

4 나주시 왕곡면 도로 방음벽 앞에서 발견한 붉은머리오목눈이들. 무리를 이루어 생활하는 새들은 동시에 인공구조물에 부딪혀 죽기도 한다.

방음벽 앞에 식재된 관목 나뭇가지에
걸려 있던 동박새.

유리
앞에서
새를
배웁니다

조사를 나가는 날이 많아지자 이름을 아는 새가 늘어났다. 현장에서 자주 보는 새일수록 이름을 익히는 속도가 빨라져서 깃털만 보고도 알 수 있게 되었다. 가장 빨리 이름을 외운 새는 사계절 내내 우리와 함께 살아가는 텃새들이다. 물론 본격적으로 새를 보거나 공부한 건 아니어서 헷갈릴 때도 있지만 처음에 비하면 알아보는 새가 늘었다. 새의 시옷도 모르던 내가 박새니 곤줄박이니 진박새니 호랑지빠귀니 되지빠귀니 하는 이름을 알게 된 건 다 유리 때문이다. 유리가 아니었으면 내가 그 많은 새를 자세히 관찰하며 이름을 익힐 일은 없었을 것이다.

탐조인은 물론 철새 도래지 주변에 거주하는 사람들은 새가 오가는 걸 지켜보며 계절이 바뀌는 걸 감각한다고 한다. 기러기 소리가 들리면 겨울이, 흑두루미가 떠나가면 봄이 오고 있음을 깨닫는 식이다. 철새가 이동하는 시기에 맞춰 섬, 해안가, 습지 등 자연에서 새를 만나며 계절을 감각한다는 건 참 낭만적인 일 같다. 그와 달리 나는 유리 앞에서 계절을 감각한다. 되지빠귀와 호랑지빠귀, 흰배지빠귀, 솔부엉이, 물총새가 보이면 여름이 가까워졌음을, 개똥지빠귀, 노랑지빠귀, 노랑턱멧새가 보이면 겨울이 가까워졌음을, 부리 주변을 노랗게 물들인 직박구리가 보이면 봄이 왔음을, 밀화부리와 노랑눈썹솔새가 보이면 봄과 가을이 지나가고 있음을 실감한다.

봄이 오면 새들은 바빠진다. 먹을 게 적은 겨울과 달리 생명이 움트는 봄에는 먹을 게 생겨나기 때문이다. 산수유, 매화, 벚꽃이 필 무렵이면 새들은 천변과 도심 공원, 아파트 단지 곳곳을 즐겁게 돌아다닌다. 직박구리는 꽃봉오리에 얼굴을 파묻고 꿀을 맛있게 빨아 먹는다. 공원정비사업 때문에 잡풀이 사라져 곤충을 먹을 일이 요원해진 참새들도 만개한 산수유나무, 매화나무, 벚나무에 모여든다. 꽃봉오리에 부리를 박고 꿀을 먹는 직박구리와 달리 참새들은 씨방에 들어 있는 꿀을 먹는다. 식사를 마치면 꽃봉오리를 따서 가차 없이 바닥에 버리는데 그 시원시원한 태도를 보고 있으면 뷔페에서 한 접시를 비우기 무섭게 다음 접시를 채우러 가는 사람을 보는 듯하다. 그중에서도 장관은 부리 주변에 샛노란 꽃가루를 둥글게 묻힌 채 벚꽃 사이에 앉아 있는 직박구리의 모습이다. 만족스러운 식사를 마친 후 나뭇가지에 부리를 문질러 닦아도 부리 주변에 남은 꽃가루 덕에 사랑스러움이 배가 된다.

하지만 이 사랑스러운 새도 투명 방음벽 앞에서는 속절없이 목숨을 잃는다. 특히 방음벽 안팎에 봄을 알리는 꽃나무가 식재된 곳에선 꽃잎이 떨어지듯 직박구리가 우수수 떨어져 죽는다. 방음벽 너머에 있는 산수유나무, 매화나무, 벚나무로 향하려다 유리에 부딪히는 탓이다. 직박구리만 죽는 게 아니다. 직박구리 다음으로 꽃꿀을 좋아하는 참새도, 우리가 뱁새라고 부르는 붉은머리오목눈이도, 검정 넥타이를 반듯하게 맨 박새도, 하얀 눈테가 매력적인 동박새도 죽는다. 사람들이 벚꽃 개화 소식을 듣고 들뜬 마음으로 꽃놀이하러 다니는 동안 새들은 꽃나무 주변에 있는 유리에 부딪혀 죽는다.

그뿐일까, 짝을 찾고 둥지를 짓던 새들도 피해를 입는다. 봄은 바야흐로 사랑의 계절. 봄이 되면 사람들 사이에서 핑크빛 기류가 몽실몽실 피어나듯 새들도 사랑을 찾아 나선다. 남성 새는 제가 낼 수 있는 가장 아름다운 목소리를 뽐내며 짝을 이룰 여성 새를 찾는다. 마침내 여성 새의 선택을 받아 짝을 이루면 새끼를 낳고 기를 둥지를 짓는다. 새마다 둥지를 짓는 위치도 모양도 재료도 다양하지만, 대부분 둥지 안에는 보드라운 깃털이나 동물 털, 여린 풀잎, 이끼 등을 깔아 포근하게 만든다. 이 시기에는 어딜 가든 잘 마른 풀잎이나 나뭇가지 같은 둥지 재료를 부리에 물고 날아가는 새를 쉽게 만날 수 있다. 각종 개발사업으로 산이 밀리고 공원 면적도 줄어든 도심에서는 새들이 주로 아파트와 건물 부지에 조성된 정원에서 둥지 재료를 모으는데, 그 탓에 유리 앞에서 나뭇잎이나 다른 새의 속깃털을 물고 죽어 있는 산새를 심심찮게 마주칠 수 있다.

하루는 북구 신용동에 있는 아파트 방음벽을 조사하고 있을 때였다. 방음벽 안쪽 관목 사이에서 간장 종지만 한 작은 크기의 오목한 둥지를 발견했다. 그 안에는 최근에 물어온 것으로 보이는 깃털이 있었고, 다른 재료를 모으러 갔는지 둥지 주인은 보이지 않았다. 아파트 단지 안 관목에도 둥지를 짓는구나, 생각하며 조사를 계속 이어 가던 중 방음벽 바깥쪽 수풀에서 죽어 있는 박새를 발견했다. 부리에 깃털 몇 장을 물은 채였다. 방음벽 너머를 살펴보니 대각선 방향으로, 아까 그 둥지가 보였다. '아아, 그렇구나. 이 박새는 둥지 속재료를 구해서 돌아가던 길에 죽은 거구나.' 그제야 주변에서 돌아오지 않는 짝꿍을 찾듯 "쮸잇~ 쮸잇~" 울어대는 박새의 소리가 들려왔다. 평소에는 귀엽게 들리던 소리가 그 순간만큼은 서글프게 들렸다.

번식을 앞둔 시기도 마찬가지지만, 육추기(새들이 육아를 하는 시기)에도 유리는 새들에게 큰 위협이 된다. 특히 어린 새가 먹이를 받아먹기 시작할 무렵이면 먹이를 물어다 나르는 양육자 새는 물론 아직 보살핌이 필요한 어린 새들의 목숨까지 위험해진다.

육추 하면 떠오르는 새가 있다. 여름철새인 호랑지빠귀이다. 배는 흰색에 가까운 옅은 노란색이고 날개와 등은 밝은 갈색인데 깃털 끝의 검정 초승달 무늬 때문에 온몸이 호피 무늬처럼 보이는 이 새는 이름만큼이나 생김새도 강렬해서 한 번 보면 절대 잊히지 않는다. 열대야가 이어지는 밤과 새벽 시간대에 “히잇~ 호잇~ 히~” 하고 높은 음역대로 우는 소리 때문에 ‘귀신새’라고도 불린다.

호랑지빠귀는 귀신새라는 이명에 맞게 어둡고 습한 곳을 좋아한다. 육추 기간이 되면 습한 곳을 돌아다니며 얇은 발로 지면을 “토도독 토도독” 두드린다. 반복적으로 발을 구르는 이유는 얇은 빗줄기가 지면을 때리듯 가벼운 진동을 땅 아래로 내려보내 흙 속에 있는 지렁이를 불러내기 위해서다. 지렁이가 흙 밖으로 고개를 비죽 내밀면 호랑지빠귀의 지렁이 수확제가 시작된다. 긴 부리가 다물리지 않을 때까지 지렁이를 꾸역꾸역 수확하고서야 호랑지빠귀는 둥지로 돌아가 새끼들을 배불리 먹인다.

그래서일까. 보행로가 가깝고 볕이 잘 드는 곳보다 아파트와 도로 사이에 방음림이 조성되어 있거나 방음벽을 세운 곳에 가면 굵기가 다른 지렁이들 사이에 덩그러니 누워 있는 호랑지빠귀를 볼 때가 더러 있다. 주위에 있는 지렁이들이 호랑지빠귀에게 사냥당한 이들인지 아닌지는 알 수 없지만 여름이 무르익어 갈 무렵 방음벽 아래 누워 있는 여러 명의 호랑지빠귀를 보면 자연히 둥지에 남아 있을 어린 새들이 신경 쓰인다. 돌아오지 않는 양육자를 기다리다 끝내 목숨을 잃을 그들의 미래가 선명하게 그려지는 탓이다. 그래서 바라고 또 바란다. 운 좋게 한 명의 양육자라도 살아남아 어린 새들이 돌봄을 받을 수 있기를. 무탈하게 자라 인도, 동남아시아, 중국 등 월동지로 안전히 돌아갈 수 있기를.

돌이켜 보면 2022년 여름은 되지빠귀의 해였다. 어느 방음벽 앞을 가도 되지빠귀가 죽어 있었다. 되지빠귀는 날개와 등은 청색 또는 갈색이 감도는 회색 깃털을, 가슴 옆부터 옆구리 아래까지는 잘 익은 단감과 비슷한 주황색 깃털을 지녔다. 제법 특징이 선명해서 깃털이 제 빛깔을 잃을 정도로 훼손되지 않은 이상 다른 새와 헷갈릴 일은 없다. 누군가 되지빠귀의 몸통과 머리를 말끔하게 먹어 치우고 날개만 덩그러니 남겨 두더라도 식별이 가능할 정도다. 날개를 뒤집었을 때 날갯죽지 안쪽에 남아 있는 불그스름한 기운을 보면 '아, 되지빠귀구나.' 하고 알 수 있기 때문이다. 가슴 옆구리에 주황색 깃털이 함께 남아 있다면 알기가 더 쉽다.

되지빠귀는 우리나라에서 흔하게 번식하는 여름철새 중 하나로, 벚꽃이 필 때쯤 한국에 도래해 낙엽이 지기 전에 한국을 빠져나간다. 이 말은 봄부터 가을까지 주구장창 방음벽 앞에서 죽은 되지빠귀를 만날 수 있다는 말이다. 실제로도 그랬다. 광주광역시 5개 구에 있는 모든 아파트 방음벽 주위에 되지빠귀가 죽어 있었다. 한 걸음이 뭔가, 반걸음 걷고 되지빠귀 한 명 줍고, 반걸음 걷고 한 명 줍고, 두 걸음 걷고 한 명 줍고, 다시 반걸음 걷고 한 명 줍기를 반복할 정도였다.

방음벽 주변에는 다 자란 성조 말고 아성조가 있을 때도 있었다. 아성조는 사람으로 치면 청소년기에서 청년기 사이에 접어든 새를 뜻한다. 당연한 말이지만 아성조의 비행 실력은 성조에 못 미친다. 그래서 유리창 충돌에 훨씬 취약하다. 이소 시기(어린 새가 둥지를 떠나는 때)가 다가오면 다양한 아성조가 방음벽과 건물 유리창에 부딪혀 유명을 달리하는 것도 그런 이유에서다.

가을과 겨울의 풍경도 별반 다르지 않다. 번식지를 떠나 바다를 건너 월동지인 우리나라로 들어온 겨울철새들이 텃새들과 한데 섞여 죽어 있다.

강의를 하러 가면 사람들이 묻는다. 새가 가장 많이 죽는 시기가 있냐고. 그런 건 없다. 특별히 많이 죽는 시기를 꼽는 건 의미 없는 일이다. 일 년 열두 달 내내 쉬지 않고 새는 죽는다. 텃새는 계절을 가리지 않고 죽고, 철새는 도래하는 순간부터 월동지나 번식지로 이동할 무렵까지 죽는다. 이들의 죽음이 쌓여 일 년이 만들어진다. 그리고 사계절이 지나고 다시 봄이 오면, 같은 자리에 새로운 죽음이 쌓인다.

전남 무안군 남악신도시 도로 방음벽에
부딪혀 죽은 힝둥새.

멧도요. 아직까지 살아 있는 멧도요를
만난 적이 없다.

사람이 문제다

죽은 새를 줍느라 방음벽 앞에 쪼그리고 앉아 있으면 이런저런 오해를 사기도 한다. 전남 나주시 왕곡면에 있는 양산초등학교 앞 방음벽 주변을 조사하고 있을 때였다. 흙에 반쯤 파묻힌 새 뼈를 모으고 있는데 트럭을 타고 지나가던 아저씨가 창문을 내리더니 "쑥 캐러 왔소?" 하고 외쳤다. 내게 한 말인가 싶어 고개를 돌려 바라보니 "오늘 아침에 약 쳤는디. 거 못 먹겄소!"라고 외치고는 유유히 사라졌다. 점점 작아지는 트럭을 바라보는 내내 어안이 벙벙했다. 내 손에는 쑥 대신 엄지손톱만 한 두개골이 들려 있었다. 사진을 찍고 발치에 내려놓은 지퍼백에 두개골을 담는 순간 깨달았다. 반쯤 차 있는 봉지 하며 쪼그려 앉아 꼼지락거리는 모양새를 보고 쑥을 캔다고 생각한 거구나! 절로 헛웃음이 나왔다.

또 한 번은 이런 일도 있었다. 아파트 방음벽 안쪽에 죽어 있는 새를 줍느라 남천 안으로 몸을 구겨 넣고 있을 때였다. 근처를 지나가던 입주민 한 명이 가까이 다가와 거기서 뭘 하고 있냐며 물었다. 그러면서 심기 불편한 목소리로 "고양이 밥 주지 마세요."라고 했다. 마침 남천 아래에 죽어 있던 새매를 집어 들었을 때라 아무 말 않고 사체를 보여 주었다. 그러자 그 사람은 어이쿠 소리를 내며 두 걸음 뒤로 물러났다. 그게 대체 뭐냐는 물음에 천연기념물인 새매라고 알려 주었다. "방음벽이 투명해서 그런지 죽은 새가 많네요. 자주 보시죠?" 하고 물었더니 잘 모르겠다며 서둘러 자리를 피했다.

이런 사례는 비일비재하다. 투명한 방음벽에 새가 부딪혀 죽는 것보다 자신이 소음 때문에 죽는 게 더 빠를 거라며 자기를 살려 달라고 웃는 입주민을 만난 적도 있고, 이 아파트에 들어와서 조사하는 것 자체가 주거침입에 해당한다며 화를 내는 입주민도 있었다. 하지만 이런 반응을 보이는 사람들도 방음벽 앞에서 갓 주운 죽은 새를 보여 주면 할 말을 잃는다. 불편한 심기를 완전히 거두는 건 아니지만 어디 한 번 무슨 말을 하나 들어 보자는 표정으로 귀를 기울인다. 그러다 리플릿과 조사용 자를 건네며 "직접 조사해 주신다면 힘들게 제가 오지 않아도 되는데요."라고 덧붙이는 순간 '이건 아닌데' 하는 표정으로 자리를 떠난다. 도리어 머쓱해지는 건 나다. 광주광역시 최초 입주민이 직접 조사에 참여하는 사례를 만들 수 있을 거라고 내심 기대했는데… 아쉬운 일이다.

아파트 주변 조사를 할 때 가장 방어적으로 나오는 건 관리자들이다. 한 아파트에서 제법 많은 수의 새가 죽어 있는 걸 발견한 날에는 관리사무소를 찾아가 문제의 심각성을 알리고 저감조치를 해줄 것을 요청한다. 직원들이 출근해 있는 평일에만 가능한 일이다. 관리사무소를 찾아가 아파트 방음벽에 새가 부딪혀 죽고 있는 문제 때문에 찾아왔다고 하면 소장님이 직접 나와 이야기를 듣는다. 대부분은 진지하게 듣고 입주민회의에 이야기를 꺼내 보겠다고 답하지만, 간혹 몇 분은 잔뜩 날이 선 어투로 새가 죽는 걸 직접 봤느냐고 묻는다. 그 질문이 나오면 당당하게 죽은 새가 가득 담긴 지퍼백을 올려놓는다. 개중 온전한 형태를 유지하고 있는 새가 있으면 한 명씩 꺼내 보여 주면서 이 아파트 단지 안에 얼마나 다양한 새가 살고 있는지, 방음벽에 어떤 조치를 하면 피해를 줄일 수 있는지를 자세히 안내한다. 하지만 죽은 새가 담긴 지퍼백을 올려놓은 순간 대부분은 아무 말도 들을 수 없는 상태가 되어 버린다. 증거를 보여 달라며 날을 세우던 기세는 사라지고 "알았으니까 치우세요. 이거 빨리 치워요."라며 찡그린 표정으로 벌레 쫓듯 손을 휘젓기만 한다. 그리고 몇 달 지나지 않아 한 아파트는 방음벽에 아무런 조치를 하지 않은 채 정문 보행로를 포함한 모든 출입구에 입주민 전용 출입 시스템을 적용했다.

、

T.S. 앨리엇의 시 <황무지>는 '사월은 가장 잔인한 달'이라는 시구로 시작된다. 시인은 이어 '겨울은 오히려 따뜻했었다'고 이야기한다. 눈이 쌓여 있는 동안 잊고 지낼 수 있었던 참상을 봄이 다시금 목도하게 했기 때문이다. 하지만 나는 안다. 잔인한 건 봄이 아니라 사람이다.

나도 사람인지라 욱하고 성질이 뻗칠 때가 많다. 가장

열이 뻗치는 순간은 “비둘기 싹 다 죽이고 좋네!” “새 그거 이참에 다 죽어 버려야 해!” 같은 악담을 퍼붓는 사람을 만났을 때다. 근거 없는 확신을 가지고 새의 절멸을 바라는 사람을 만났을 땐 경우에 따라 대화를 이어 가기도 하지만 무시하고 지나칠 때가 더 많다. 대화를 이어 갈 수 있는 사람을 찾기 어려운 탓이다.

그나마 꽤 좋은 기억으로 남아 있는 사람이 있다. 나주 공산면 복사초리삼거리 방음벽 앞에서 만났던 주민이다. 마을 안쪽에서 축사를 운영하는 이였는데 복사초리삼거리 방음벽 안팎을 돌아다니며 죽은 새를 줍는 나를 불러 세우더니 대뜸 “새는 싹 다 죽어 버려야 해!” 하고 소리를 질렀다. 왜 그런 말씀을 하시냐고 했더니 소 먹으라고 여물통에 사료를 쏟아 놓으면 참새며 비둘기가 날아 들어와서 싹 먹어 버린다고 했다. 소 먹을 게 하나도 남지 않아 소가 비쩍 말랐다며, 와서 밥만 먹고 가는 것도 아니고 똥을 싸고 가서 사료를 다 버려야 하니 손해가 이만저만 아니라고 했다. 그러니 방음벽에 새가 부딪혀 죽는 건 아주 좋은 일이라고, 이대로 동네에 있는 비둘기랑 참새가 다 죽어 버리면 여한이 없겠다고 했다.

그런 사람들이 있다. 환경부가 유해조수로 지정한 새는

다 죽여 마땅한 게 아니냐는 사람들. 방음벽이 유해조수의 개체수를 조절해 주니 그대로 둬야 하는 게 아니냐는 사람들. 그러나 안타깝게도 방음벽을 비롯한 유리는 유해조수로 지정된 새만 골라 죽이지 않는다. 심지어 건물 유리창이나 투명 방음벽 때문에 유해조수 개체수가 조절되고 있다는 연구 결과도 없다.

자신의 억울함과 불편함이 우선인 사람에게 팩트는 중요하지 않다. 그가 그랬다. 천연기념물이 죽든, 멸종위기종이 죽든, 철새가 죽든, 다른 텃새가 죽든, 자신과 상관없는 일이라고 했다. 그에게 새는 자기 재산에 손해를 끼치는 존재에 불과했다. 정말 그럴까? 새는 사람들에게 피해만 주는 존재일까? 아니, 그렇지 않다. 새는 생태계 내에서 중요한 역할을 담당한다. 우선 새는 식물의 번식을 돕는다. 직박구리와 동박새 등 일부는 벌과 나비처럼 꽃의 수정을 돕고, 대부분 새는 식물에 맺힌 열매를 섭취한 뒤 배설물을 통해 씨앗을 멀리 퍼뜨림으로써 식물들이 다양한 곳에서 자랄 수 있게 한다. 또 곤충과 설치류, 작은 포유류를 먹이원으로 삼아 개체수를 조절함으로써 병충해를 방제하고 전염병이 퍼지지 않도록 막는다. 마지막으로 새는 우리가 살아가고 있는 자연 생태계가 얼마나 건강한지를 확인하는 지표 역할을 한다. 새들의 개체수가 감소하면 생태계 균형도 깨진다. 그리고 그 영향은 인간에게 돌아온다.

이쯤에서 우리는 진지하게 고민해 봐야 한다. 인간이 설치한 유리 때문에 새들이 한순간에 허무하게 죽음을 맞이하는 게 자연스러운 일인지 말이다. 상위 포식자에게 잡아먹힌 것도 아니고, 질병에 걸린 것도 아니고, 수명을 다한 것도 아니고, 사냥을 당한 것도 아닌데, 눈 깜짝할 사이에 죽음을 맞이한다는 건 전혀 자연스럽지 않다. 이 부자연스러운 일을 유리가 해낸다. 오직 인간의 편의에 맞춰 개발되고 설치된 유리가.

지난 50년 동안 북미권에서 조류 개체수가 감소한 원인을 분석한 보고서(<The State of the Bird>, 2014년)에 따르면, 서식지 파괴를 제외하고 고양이의 사냥과 포식, 농약 중독, 유리창 충돌 등 다양한 원인으로 조류 개체수가 감소했다. 그중 유리창 충돌은 사람이 직접적으로 연관된 조류 사망 원인 중 두 번째로 큰 원인이다. 지금은 나무가 아닌 숲을 봐야 할 때이다. 텃새의 피해는 어느 한 지역 문제가 아닌 우리나라의 생물다양성을 위협하는 문제이고,

철새의 피해는 국가를 넘어 전 세계 생물다양성을 훼손하는 국제적인 문제라는 점을 알아야 한다.

이런저런 이유를 차치하고서라도 모두가 기억해야 할 점이 있다. 유해조수 지정 여부와 관계없이 모든 새는 생명을 지닌 존귀한 존재라는 점이다. 대한민국헌법 제10조에는 '모든 국민은 인간으로서의 존엄과 가치를 지니며, 행복을 추구할 권리'를 가진다고 명시되어 있다. 어째서 모든 '국민'의 범주에 비인간이 포함되지 않는지 모르겠지만, 비인간인 야생동물도 인간과 마찬가지로 한 생명으로서 존엄과 가치를 지닌다.

、

그날 나는 그를 완전히 설득하는 것에 실패했다. 그는 그래도 비둘기와 참새는 싫고 방음벽이 그 개체수의 일부만이라도 줄여 준다면 환영한다는 입장을 고수했다. 방음벽이 유해조수만 죽이는 게 아니라는 말도, 새가 생태계에서 중요한 역할을 하고 있다는 말도 그의 마음을 돌리지 못했다. 그가 멈칫한 순간은 시골에 놀러 온 손자손녀들이 방음벽 앞에 죽어 있는 새를 계속 봐도

괜찮겠느냐는 말을 했을 때였다. 우리는 지긋지긋하게 느껴질 정도로 새를 보고 살아 왔지만, 아이들은 그리고 그들이 새롭게 꾸릴 가정에서 탄생할지도 모를 다음 세대는 살아 있는 새소리 한 번 들어 보지 못한 채 마치 설화나 신화 속에 등장하는 환상의 동물을 떠올리듯 이야기만 듣고 자랄지도 모른다는 말이 그의 마음에 단단하게 꽂혔다.

“그럼 어쩌자고. 방음벽 없애고 살라고?”

그가 퉁명스럽게 말했다. 그 말에 나는 조금 웃었던 것 같다. 도로 소음을 잡아 주는 방음벽을 아예 없애자고 할까 봐 날을 세운 건가 싶어서.

“방음벽을 왜 없애요. 새가 못 지나가게 점 스티커만 붙이면 되는데.”

날이 선 이유는 눈치챘지만 조금 전의 앙금이 남아서 되려 퉁명스러운 목소리를 냈다. 그러자 그는 자그마한 목소리로 중얼거렸다.

“그 새 그림인가 뭔가 붙이면 된다드만….”

“아, 그거 쓰잘데기 없어. 그거 있어도 부딪혀요.” 그리곤 버럭 성내듯 인사를 건넸다. “저 다음주에 다시 올게요! 이제 다른 방음벽 보러 갈 거야.”

그날 이후로 그는 복사초리삼거리 방음벽 앞에서 나를 만나면 눈인사를 건넸다. 어떤 날에는 방음벽을 한 바퀴 돌고 차가 있는 곳으로 향하는 내게 다가와 전처럼 많이 죽지는 않는다고 말을 건네 왔다. 아예 안 죽는 건 아니고 자신이 봐 왔던 것보다 덜 죽는 수준이라는 뜻이었다. 하지만 누적된 수는 달랐다. 복사초리삼거리 방음벽에서 2021년 10월부터 12월까지 11종 32명이, 2022년 1월부터 5월까지 31종 110명이 충돌해 사망했다. 저감조치를 하지 않으면 마을 입구는 새 무덤이 될 게 자명해 보였다.

마을에 있는 노안남초등학교 학생들과 저감조치를 하기로 했다. 익산지방국토관리청 산하 광주국토관리사무소에 공문을 보내 허가를 받고 일정을 확정했다. 저감조치를 돕기 위해 국립생태원과 조류충돌방지협회가 함께 현장을 방문했다. 방음벽 규모를 생각하면 사람은 많을수록 좋았다. 광주와 전남에서 모은 시민 봉사자까지 더하니 제법 많은 수가 모였다. 오전 9시부터 오후 5시까지 많은 사람이 방음벽에 달라붙어 조류충돌 방지 테이프를 붙였다. 초여름 날씨에 테이프를 붙이느라 온몸이 뜨거웠지만 빼곡하게 붙은 점무늬를 보니 흡족했다. 앞으로는 부딪히는 새가 확연히 줄어들 터였다.

몇 주 후 사후조사를 나갔을 때였다. 간만에 만난 그는 "이제 안 죽어!" 하며 성내듯 충돌 현황을 알려 주었다. 그러면서 말은 그렇게 했지만 사실은 새가 너무 많이 죽고 있어서 마음이 안 좋았다고, 이제는 새가 안 죽어서 좋다고 했다. 언제는 새가 다 죽어 버렸으면 좋겠다더니…. 대놓고 콧방귀를 뀔 수는 없어서 고개만 주억거렸더니 그는 머쓱한 듯 방음벽을 물끄러미 바라보다가 골목 안으로 들어갔다.

그런 사람들이 있다. 기대하지 않았던 순간 몇 마디 말로 조사자에게 힘을 주는 사람들. 그와의 첫 대화는 나를 곤혹스럽게 했지만 다시 얼굴을 마주칠 때마다 다가와 건네는 몇 마디 말에서 실은 이 사람도 아무 의미 없이 새가 죽는 걸 신경 쓰고 있다는 걸 알 수 있었다. 이런 사람들이 더 늘어나면 좋겠다. 자신도 신경 쓰고 있다는 걸 드러내며 손길을 더하는 사람들. 할 수 있는 선에서 충돌 사례를 제보하거나 기록해 주는 사람들. 조사에 참여할 수 없다면 목격한 사례만이라도 이야기해 주는 사람들. 그리고 나서서 지자체에 전화를 걸어 주는 사람들이 늘어나면 좋겠다. 물론 가장 좋은 건 조사에 참여하는 시민이 늘어나는 거다.

광주광역시에는 유독 방음벽이 많다. 야생조류 유리창 충돌조사를 하기 위해 지도에 저장해 둔 방음벽만 200여 개에 달한다. 그중 높은 비율을 차지하는 건 단연 아파트 방음벽이다. 로드뷰 탐사, 현장 답사, 시민 제보 등 다양한 방법으로 파악한 결과, 광주 내 아파트 176곳에 투명 방음벽이 설치된 것을 확인했다. 이중 맹금류 스티커를 부착한 곳은 17곳, 아무것도 부착하지 않은 곳은 143곳, 조류충돌 방지 기능이 있는 방음벽을 설치한 곳은 단 16곳이다. 여기에 광주 소재 건축물 수는 13만 6197동에 달한다. 건축물 대부분은 유리를 사용하니, 앞서 저감조치가 안 된 160개 아파트 방음벽과 더하면 광주 내에서 살펴봐야 할 인공구조물만 약 13만 6300동인 셈이다. 전라남도는 계산하기도 무서울 정도다.

하지만 광주와 전라남도는 시민 조사자가 거의 없다고 말해도 좋을 정도로 소수 인원만이 정기 조사에 참여하고 있다. 매년 시민 조사자를 모아 교육도 하고 공동 조사도 나가 보지만 고정적으로 조사에 참여하는 인원은 한 손에 꼽을 정도다. 전라남도는 아무도 없다.

현장에 나갈 때마다 생각한다. 지역별로 단 한 명의

조사자만 있어도 여한이 없겠다고. 하지만 이 한 명이
나가떨어지면 그 지역에서는 조사가 이루어지지 않을 테니
못 해도 세 명은 있어야 할 것 같다. 조사를 하지 않으면
우리 지역에서 얼마나 많은 새가 유리창 충돌로 피해를
입는지 알 수 없다. 피해를 확인했더라도 네이처링 앱
'야생조류 유리창 충돌조사' 미션에 기록하지 않으면 어느
지역에서 어떤 새가 어디에서 죽었는지를 나중에 알 길이
없다. 그러니 사람을 모아야 한다. 사람을 모아 기록을
쌓고 그 기록으로 변화를 만들어 내야 한다. 문제를 만드는
것은 사람이지만 그 문제를 해결할 수 있는 것도 결국
사람이니까.

방음벽에 부딪혀 길가로 떨어진
물총새.

방음벽 앞 배수구 안에서 발견한 되새.
철망이 분리되지 않아 종이를 밀어 넣어
사체를 빼냈다.

슬픔
대신
취한 것

현장에서 방해되는 게 하나 있다. 바로 슬픔이다. 분노는 조사를 이어 갈 수 있는 연료가 되지만 슬픔은 조사 의지를 좀먹는다. 나는 슬픔을 누르는 방법을 익혔다. 아니, 누른다는 표현보다는 슬픔을 떼어 내는 방법을 익혔다고 하는 게 더 정확한 표현인 것 같다. 조사 초기에는 현장에 죽어 있는 수많은 새를 보고 오면 그다음 날까지 아무것도 할 수 없었다. 그저 가만히 방에 누워 내 마음에 가득 찬 슬픔이 마를 때까지 기다리곤 했다. 하지만 그것도 한두 번이어야지, 현장에 다녀올 때마다 무기력해지면 조사를 계속할 수 없을 것 같았다. 그래서 슬픔을 달랠 방법을 찾기 시작했다.

기분 전환이 필요할 때마다 하던 것부터 시도해 보았다. 좋아하는 작가의 소설을 읽거나 지인에게 추천받은 SF 소설을 읽어 보았지만 좀처럼 집중이 되지 않았다. 즐겨 듣는 장르의 음악을 들어도 기분이 나아지지 않았다. 산책을 하면 괜찮아질까 싶어 골목길을 따라 걷거나 광주천을 찾아가 걸었다. 하지만 어딜 가든 재잘재잘 떠드는 새소리가 들려왔다. 속삭이듯 들려오던 새소리는 어느 순간 확 커지기도 하고 고요하게 잦아들기도 했다. 새소리를 들으니 아주 조금 기분이 나아지는 듯했다. 하지만 곧이어 '저 새도 죽겠지.' 하는 생각에 사로잡혀 다시 울적해졌다. 일부러 새소리가 들리지 않는 도롯가 보행로를 따라 걸으며 집으로 돌아왔다.

업무가 있는 날에는 괜찮았다. 집중할 게 생기니 다른 생각에 사로잡힐 틈이 없었다. 하지만 업무가 끝나면 비슷한 상황이 반복되었다.

기분이 나아질 새도 없이 현장을 찾았다가 온전하게 죽어 있는 새를 마주하고 한숨을 폭 내쉬었다. 처음 보는 새였다. '난 네 이름을 불러 줄 수 없어. 아직 네 이름을

몰라. 뭐라고 검색해야 나오는지도 모르겠어.'

죽은 새를 주워 들고 한참을 그 자리에 쪼그려 앉아 있었다. 고개를 들고 주위를 둘러보자 방금 주워 든 새보다 더 작은 새가 죽어 있는 게 보였다. 그 너머에도 점점이 죽은 새가 떨어져 있었다. '야생조류 유리창 충돌 시민 참여 조사 지침서'에 나와 있는 대로 새의 몸을 뒤집어 가며 등면, 날개면, 배면을 사진 찍고 기록을 올릴 때 헷갈리지 않도록 방음벽 사진도 한 장 찍었다. 몸이 자그마한 산새여서 그런지 무게가 거의 느껴지지 않았다.

'이렇게 작고 이렇게 가벼우니 날아다닐 수 있는 거구나.'

몸은 사후경직이 와서 딱딱하게 굳었는데 깃털은 부드러웠다. 손안에 쥔 새를 몇 번 쓰다듬다가 죽은 새에게 못 할 짓을 하는 것 같아 그대로 지퍼백에 담았다. 그리고 다음 새를 주우러 갔다.

조사가 끝나면 등산을 하고 온 것처럼 온몸이 아팠다. 실제로 근육통에 시달리기도 했다. 잘 움직이지 않다가 갑자기 무리해서 움직인 탓일 게다. 하지만 근육통이 사라져도 몸은 여전히 무거웠다. 잠이라도 자볼까 싶어

눈을 감아 보지만 신경이 날카로워져서 잠드는 것도 쉽지 않았다. 예능 프로그램이라도 보다 보면 잠이 올까 싶어서 유튜브에 들어갔다. 이 영상 저 영상 손에 잡히는 대로 보고 있는데 알고리즘이 한 영상을 추천해 주었다. 새덕후의 <이 새 무슨 새죠? 도시공원에서 보이는 귀여운 새들 총정리>라는 제목의 영상이었다. 홀린 듯이 영상을 재생했는데 방음벽 앞에서 만난 웬만한 새는 다 들어가 있었다. 다른 게 있다면 영상 속 새들은 살아서 움직이고 있다는 것 정도. 시간 가는 줄 모르고 영상을 봤다. 당시 올라온 새덕후 영상은 얼추 다 본 것 같다. 그중 반복 재생까지 해 가며 자주 본 영상은 새들에게 물그릇을 만들어 주는 영상이었다. 자그마한 플라스틱 용기에 담긴 물을 먹겠다고 찾아오는 새들을 보고 있는 것만으로도 마음이 말랑말랑해졌다. 온몸을 짓누를 정도로 울적했던 기분도 한결 가벼워져 있었다.

새덕후 영상으로도 기분이 나아지지 않을 땐 해외 버드피딩 라이브 영상을 틀어 놓고 잠을 청했다. 견과류나 새 모이를 먹기 위해 액션캠이 설치된 모이대 앞으로 모여든 새들이 내는 온갖 소리가 작은 위안을 안겨 주었다. 내가 현장에서 보고 온 건 죽은 새지만 이 세상 어딘가에는 살아 숨 쉬는 새가 가득 남아 있을 거라는 희망을 주었다. 하지만 영상을 보며 얻은 희망은 다음 날 현장에서 또 산산이 부서졌다. 아직 희망이 있다고 생각하기엔 너무도 많은 새가 현장에 죽어 있었다. 그걸 깨달은 순간, 조사에 합류한 시민 조사자들에게 살아 있는 새 영상을 찾아보면서 마음 돌보는 시간을 가지라고 말할 수 없었다.

탐조를 하면 도움이 될까 싶어 쌍안경을 들고 공원과 천변으로 나가 보았지만 흥미가 동하지 않았다. 살아 있는 새들을 보면서 내가 여기에서 뭘 하고 있는 걸까, 생각이 들었다. 덜컥 겁이 나기도 했다. 마음을 돌보겠다는 건 핑계고 그냥 살아 있는 새를 보고 싶은 건 아니었을까. 그런 의심이 들자, 유리 아래 죽어 있을 새들이 마음에 걸려 눈앞의 새에 집중할 수 없었다. 그래서 내 마음을 마주하기 위해 조사 일기를 구체적으로 작성하기 시작했다. 내가 목격한 현장의 모습과 내 감정을 담아서.

조사 일기에 감정을 담기로 결정한 것뿐인데도 후련할 정도로 몸과 마음이 가벼워졌다. 하지만 조사 일기를 감정 쓰레기통으로 만들고 싶지는 않았다. 감정에 취해 쏟아내는 말은 사람들에게 가닿을 수 없다는 걸 알기 때문이다. 감정은 24시간 뒤에 사라지는 '스토리'에 쏟아내고 '피드'에는 정제된 글을 올릴 필요가 있었다.

최대한 내가 보고 듣고 느낀 모든 것을 정돈해서 담아냈다. 그리고 새의 이름을 적었다. 소리 내어 부르지 못했던 이름을 옮겨 적는 것이 내 나름의 애도 방식이었다. 글을 쓸 땐 현장에 가 본 적 없는 사람도 그 풍경을 짐작할 수 있게 쓰려고 노력했다. 현장에 가 보고 싶은 마음이 들게 써야겠다는 욕심은 없었다. 어차피 현장에 올 사람은 몇 년이 걸려도 오게 되어 있으니까. 나의 글이 그 시기를 조금이라도 앞당기는 데 도움을 줄 수 있다면 더없는 영광일 것이다.

인스타그램에 글을 올리기 위해서는 사진이 필요했다. 증거 사진처럼 찍어 낸 사진 말고 이야기를 건네는 사진이. 요즘은 사진에 이야기를 담으려 노력한다. 사진을 잘 찍는 편은 못 되지만 현장에서만 볼 수 있는 장면들이 있기에 최대한 담아내려 노력한다. 가령 도로 방음벽 앞에 죽어 있는 새 옆으로 빠르게 지나가는 자동차의 모습 같은 것. 눈길 한 번 주지 않고 그 자리를 벗어나는 수많은 차의 행렬을 보고 있으면, 언젠가 저 차 중에 한 대는 비상등을 켜고 갓길에 정차하는 날이 오지 않을까 상상하게 된다.

죽은 새 앞에 쪼그려 앉아 있는 나와 다른 시민 조사자들을 향해 뚜벅뚜벅 걸어와서는 자연스럽게 조사에 합류하는 사람이 나타나지는 않을까 하는 행복회로를 가열차게 돌려 보는 것이다(정말 그런 일이 일어나더라도 십중팔구 내가 아는 사람이 차에서 내릴 것 같지만). 때론 영상을 찍는다. 영상만큼 현장 분위기를 잘 전달할 수 있는 콘텐츠도 없으니까.

슬픔을 덜어 내고 나니 비로소 현장은 물론 내 자신의 상태를 객관적으로 바라볼 수 있게 되었다. 감정에 휩쓸리는 날보다 그렇지 않은 날이 늘었다. 이게 좋은 일인지 나쁜 일인지 모르겠다. 조사 일기를 쓰는 게 도움이 되기는 했지만 그보다 크게 영향을 끼친 건 몸이 열 개여도 부족할 정도로 늘어난 현장이었다. 누가 날 붙잡고 “제발 가 봐 주세요!” 부탁한 것도 아닌데 로드뷰를 뒤져 가며 이 지역에는 어떤 방음벽이 있을까, 어느 아파트에 방음벽이 설치돼 있을까 살펴보는 내 탓이다. 덕분에 조사를 나가지 않는 날보다 조사를 나가는 날이 더 늘어나면서 내가 무슨 일을 하는 사람인지 설명하기가 애매해졌다. 본업이 따로 있는데 알고 보니 돈 한 푼 들어올 길 없는 조류충돌 조사를 본업처럼 하고 있으니 말이다.

대단한 사명감은 없다. 약간의 책임감만 있을 뿐이다. 내가 현장을 찾지 않으면 이 죽음은 기록되지 않을 거라는 걸 너무도 잘 알아서, 기록이 계속 이어질 수 있도록 현장을 찾는다. 하루하루를 수습하는 마음으로 조사를 나가다 보니 새의 죽음과 운 좋은 생존 앞에서 일희일비하지 않게 되었다. 슬픔이 가신 자리에는 짙은 호기심과 호승심, 약간의 어처구니없음과 좀처럼 변하려 들지 않는 지자체를 향한 분노가 몸집을 불려 나갔다. 그리고 그 감정들은 다음 조사와 활동을 이어 갈 충분한 연료가 되어 준다.

1 맹금류 스티커 위에 찍힌 충돌흔. 사람들의 생각과 달리 새들은 맹금류 스티커를 무서운 천적으로 여기지 않는다.

2 천연기념물이자 멸종위기 야생생물 II급인 팔색조. 국가가 법으로 지정해 보호·관리하는 새들도 유리에 부딪혀 죽는다.

1 2

What's in my bag

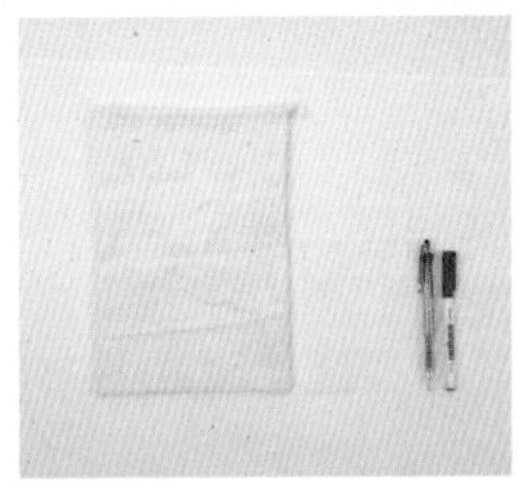

투명 방음벽
충돌 조류 사체

방음벽·유리창 충돌
야생조류 폐사체 다수

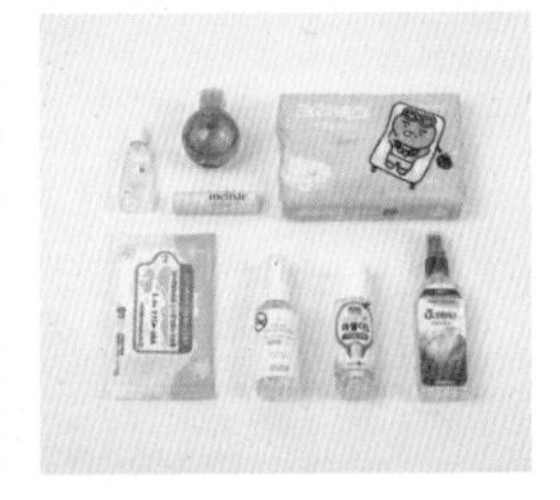

조류충돌 조사를 나갈 때 갖추는 복장과 소지하는 가방이 있다. 조사 시기와 규모에 따라 복장과 소지하는 물품의 종류는 달라지지만 기본적인 것은 정해져 있다.

야생조류 유리창 충돌 조사자가 몸에 지니는 것들

조사자의 복장

현장에 나갈 땐 가볍고 활동성 좋은 기능성 의류를 챙겨 입는다. 살이 타는 건 물론 진드기 등 벌레 물림을 방지하기 위해 아무리 더운 날에도 소매가 긴 상의와 긴 바지를 입는다. 여기에 목이 긴 양말과 접지력 좋은 신발을 신으면 기본 복장은 갖춘 셈이다.
어느 현장에 가든지 안전을 최우선으로 생각해야 하니 형광색 안전 조끼는 반드시 입는다. 흐린 날에도 차 전조등이나 가로등 불빛을 반사해 밝게 빛나는 반사 소재가 포함된 안전 조끼 뒤에는 '조류충돌 조사 중'임을 알리는 문구를 크게 인쇄해 두었다.
햇볕은 물론 비나 눈, 크고 작은 풀벌레가 머리에 떨어지는 걸 막기 위해 챙이 넓은 모자를 쓰고, (살아 있는 새가 아닌) 충돌 흔적을 관찰

하기 위해 구입한 쌍안경도 목에 건다. 사체 옆에 놓고 찍을 새를구하'자'와 완충된 스마트폰까지 챙기면 조사 준비가 끝난다.

조사용 가방에 들어있는 물품

조사용 가방에는 조류 사체를 수거할 때 필요한 물품부터 위생에 필요한 물품까지 온갖 물건이 들어 있다.

안내용

국립생태원 야생조류 유리창 충돌 리플릿과 새를구하'자' : 조류충돌 조사를 하다 보면 관심을 갖고 다가오는 시민들을 만나기도 한다. 왜 새가 유리에 부딪히는지, 어떻게 하면 유리에 부딪히지 않을 수 있는지, 유리에 부딪힌 새를 보면 어떻게 해야 하는지를 설명한 뒤 국립생태원에서 보내준 리플릿과 새를구하'자'를 나눠 드리고 있다. 언제 어디서든 나눠 줄 수 있도록 조사용 가방에 30부씩 챙겨 둔다.

사체 수거용

지퍼백 : 조류 사체를 수거하기 위해 밀폐력이 좋은 지퍼백을 여러 장 챙겨 다닌다. 가지고 다니는 지퍼백은 중형부터 특대형까지 다양한데 사체 수거용으로는 대형(30×35cm)과 특대형(50×60cm)을 주로 사용한다. 중형 지퍼백은 멸실 신고 대상인 천연기념물 사체를 그 지역 지자체에 직접 인계할 때 사용한다.

중복 기록 방지용 스티커 : 현장에서 발견한 충돌 흔적을 기록한 후 다음 조사(자)를 고려해 중복 기록이 되지 않도록 부착하는 용도의 스티커다. 성난비건에서는 피와 눈물을 상징하는 물방울 모양 스티커를 제작해 사용하고 있다. 물방울의 뾰족한 부분이 충돌 흔적이나 깃털이 있는 방향을 향하도록 붙이거나, 미처 다 수습하지 못한 깃털 잔해가 있는 아래쪽을 향하도록 붙여 중복 기록을 방지한다.

부상 개체 구조용

면 주머니 : 조사 도중 현장에 남아 있는 부상 개체를 포획해 임시 계류하기 위해 소지한다. 몸집이 작은 축에 속하는 지빠귀류까지는 면 주머니에 임시 계류가 가능하다. 비둘기류 이상은 주변에서 구할 수 있는 박스 등에 계류해 가까운 야생동물구조관리센터에 인계한다.

메모지와 필기구 : 부상 개체를 인계할 때 새가 발견된 위치와 상황, 증상 등을 메모해 두었다가 함께 전달하기 위해 메모지와 필기구를 챙겨 다닌다. 멸실 신고 대상인 천연기념물 사체를 그 지역 지자체의 천연기념물 담당 공무원에게 직접 인계할 때도 사용한다.

사체 폐기용

안내문(경고문) : 폐기물관리법에 따라 조사 현장에서 수거한 사체를 종량제 봉투 등에 담아 폐기(또는 배출)할 때 붙이는 안내문(경고문)이 있다. 종량제 봉투에 여유 공간이 있는 걸 보고 누군가 봉투를 열어 쓰레기를 넣으려다 다량의 조류 사체를 목격하고 충격을 받을 것에 대비해 경고성 문구도 따로 적어 가지고 다닌다. 안내문과 메모지는 모두 행사 후 남은 폐포스터를 재사용했다.

기타

여행용 티슈 : 도시에서 방음벽이나 건물 유리창 조사를 할 때는 사용할 일이 거의 없지만, 도시 외곽에 있는 도로 방음벽 조사를 다닐 때는 여행용 티슈를 꼭 챙겨 다닌다. 주유소나 마을 입구에 있는 공중화장실에 갔는데 화장지가 없으면 난감하니까.

손 소독제 : 손 씻을 곳이 마땅치 않거나 곧장 다음 현장으로 이동해야 할 때는 손 소독제를 뿌려 소독한다. 하지만 이건 임시방편에 불과해서 수돗가가 보이면 손을 씻으러 간다.

손 세정제 : 조사를 마치고 손을 씻어야 하는데, 세면대에 비누가 없을 때를 대비해 손 세정제를 소분해 들고 다닌다.

모기 및 진드기 기피제 : 사계절 내내 들고 다니는 소지품 중 하나다. 귀찮다는 이유로 선크림은 덧바르지 않지만, 기피제는 수시로 뿌리고 있다. 모기에게 물리고 싶지는 않으니까. 열 방 물릴 걸 세 방 물리는 정도로 줄여 주지만 그게 어디인가 싶다.

물파스 : 운 나쁘게 모기에게 물렸을 때를 대비해 물파스를 챙겨 다닌다.

립밤 : 입술이 마르는 걸 막기 위해 챙긴다.

인공눈물 : 현장에서 눈에 모래가 들어갈 때도 있고, 오랜 시간 운전을 한 탓에 눈이 뻑뻑해질 때도 있다. 안전하게 이동하기 위해서는 점안액을 수시로 넣어 줘야 한다.

To readers

현장은 가까운 곳에 있다

이 글을 통해 야생조류 유리창 충돌 문제에 조금이라도 관심이 생겼다면 내가 있는 공간, 내가 사는 동네에 있는 건물 유리창 혹은 인근의 아파트 방음벽 주변부터 살펴볼 것을 권합니다. 처음부터 무리해서 건물 여러 동, 방음벽 여러 곳을 돌아다니며 조사할 필요는 없어요. 집 주변 상가 유리창에 부딪혀 죽은 새가 있나 없나 살피는 것만으로도 충분합니다. 하지만 이 세 가지는 기억해 주세요. 살피고, 기록하고, 알리기.

첫 번째, 상주해 있는 건물 혹은 거주 공간 유리 주변을 틈틈이 살핍니다.

두 번째, 죽은 새를 찾으면 사진을 찍어 네이처링NATURING 앱 '야생조류 유리창 충돌 조사' 미션에 기록합니다(지금 앱을 설치해 보세요). 이 미션은 전국에서 일어나는 조류충돌 사례를 수집하는 미션이에요. 이곳에 올라온 데이터는 저감조치가 이루어질 수 있도록 민원을 제기하거나, 관계 법령이나 조례 등을 제·개정하는 등 야생조류가 안전하고 자유롭게 살아갈 수 있는 환경을 조성하는 데 활용됩니다. 충돌 사례를 목격하고도 미션에 기록하지 않으면 그 목격담은 개인의 경험에 그치고 맙니다. 미션에 기록을 올리면 사회를 변화시켜 새들의 생명을 살리는 데 도움을 줄 수 있어요.

세 번째, 자신이 경험한 걸 주변 사람은 물론 거주지역 지자체에 알려 최대한 많은 사람이 이 문제에 관심을 가질 수 있도록 안내해 주세요. 조사에 직접 참여할 수 없다면 야생조류 유리창 충돌 문제를 알리거나, 새가 부딪히는 건물 유리창이나 방음벽 등에 저감조치를 해 달라고 요청하는 민원을 제기하는 방법도 있어요.

조사가 아니더라도 야생조류 유리창 충돌 문제 해결을 위해 참여할 수 있는 일이 많답니다. 더 많은 정보는 페이스북 '야생조류 유리창 충돌' 그룹에서 확인하세요.

자연으로 향하는 삶 04

그렇게 죽는 건 아니잖아요

초판 1쇄 발행 2025년 03월 01일

지은이 희복
펴낸이 박희선

발행처 도서출판 가지
등록번호 제25100-2013-000094호
주소 서울 서대문구 거북골로 154, 103-1001
전화 070-8959-1513
팩스 070-4332-1513
전자우편 kindsbook@naver.com
블로그 www.kindsbook.blog.me
페이스북 www.facebook.com/kindsbook
인스타그램 www.instagram.com/kindsbook

ISBN 979-11-93810-06-4 (03400)